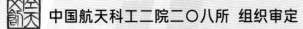

中国航天科工二院二〇八所 组织审定

空天宝贝探索吧

马倩/主编

郑焱 唐纹 谢露茜/著

王柯爽 郭真如/绘

② 各显神通的"精灵"

U0281474

电子工业出版社·

Publishing House of Electronics Industry

北京·BEIJING

天宝、小朵和蜜枣来到了科学X工厂的卫星中心。

大厅中悬浮着一个数字地球，地球上的信息不断更新着。有很多长着翅膀的精灵在大厅中翩翩起舞。

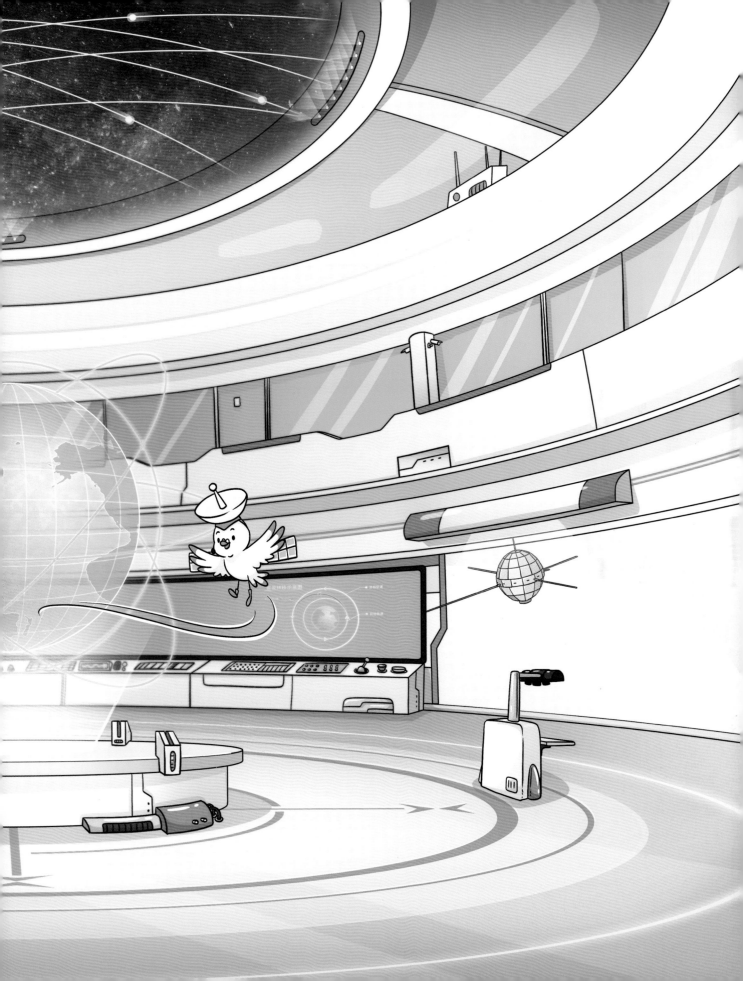

卫星轨道示意图

中轨道
2000-20000 km

地球静止轨道
35786 km

低轨道
200-2000 km

一只飞舞的精灵吸引了大家的目光。

它说："你们好，我是通信卫星——宇宙鸽。"

天宝说："你好，宇宙鸽，请问你可以找到掉落在地球上的陨石吗？"

霍曼转移示意图

转移轨道

目标轨道

初始轨道

　　宇宙鸽说："作为通信卫星，我就像太空邮递员，负责收集来自地球上的'信件'，再把这些'信件'送到收信人手中。我可以给距离很远很远的朋友发消息，但我不具备找陨石的功能，你们再去问问其他卫星吧。"

气象观测

卫星云图

电视天气预报

气象台站网

　　旁边传来一个悦耳的声音："预报！预报！一个小时后有强降雨。"一个像云朵的精灵说，"我是气象卫星——追风，就叫我'追风妹妹'吧，我可以在太空中对地球及大气层进行气象观测，你们平时看到的天气预报都有我的功劳呢。对了，一会儿出门不要忘记带雨伞哦！"

另一个像望远镜的精灵也兴冲冲地跑了过来："我马上要去太空啦，等到了太空，就可以看到吃掉恒星的黑洞，还有恒星在灭亡时绽放的'烟火'。哦，对了，我是天文卫星，我叫伽马探针。"

天宝听到它的话，也开始向往神秘的太空，可是还没有找到陨石的下落呢。

究竟谁才能找到掉落在地球上的陨石呢？

卫星轨道示意图

中轨道
2000-20000 km

低轨道
200-2000 km

地球静止轨道
35786 km

这时，一只帅气的兔子走了过来，冲他们招了招手，说："你们好啊，我是上官兔教授，欢迎来到我的卫星中心。你们刚刚见到的，都是卫星。"

卫星轨道示意图

中轨道
2000-20000 km

低轨道
200-2000 km

卫星为了在太空中飞行时保持正确的姿态和轨道，都会有一个姿态和轨道控制分系统。星敏感器、紫外敏感器、地球敏感器及太阳敏感器等都属于姿态和轨道控制分系统，可以根据不同任务来选用。

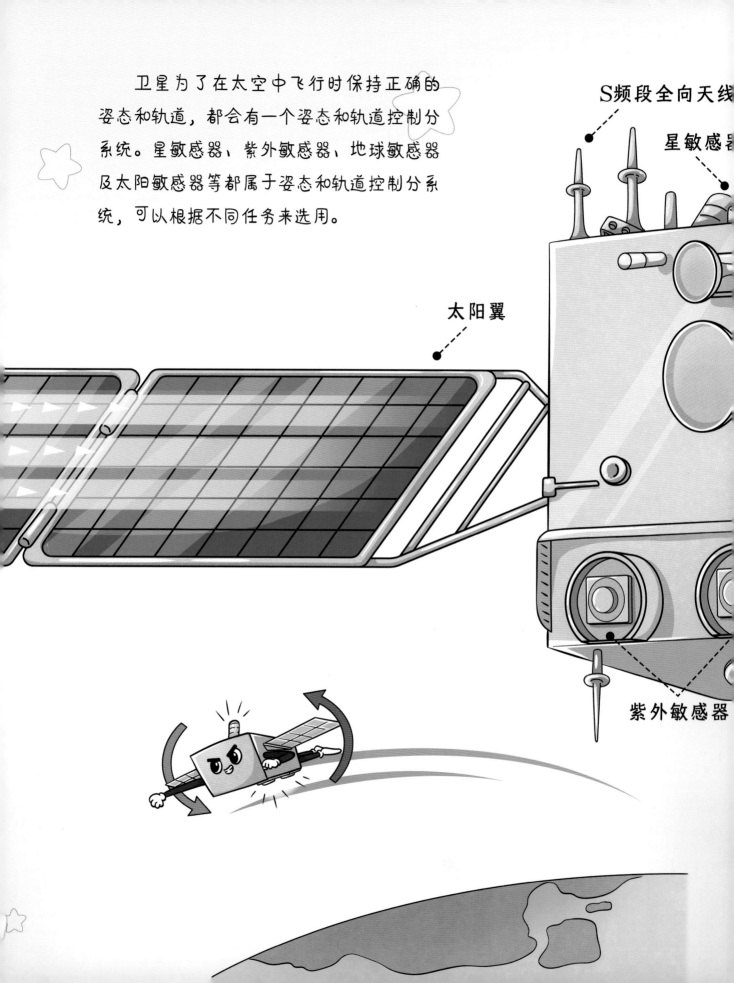

S频段全向天线

星敏感器

太阳翼

紫外敏感器

天宝说："它们都有翅膀！"

上官兔教授点点头，说："没错，这个'翅膀'有很大的作用呢！它是太阳能帆板，现在一般叫作太阳翼。它像向日葵一样，跟随太阳的方向，将吸收的太阳能转化为电能，为卫星供电。另外，还有些太阳能帆板不展开，贴在卫星的星体上，就像'隐形的翅膀'。"

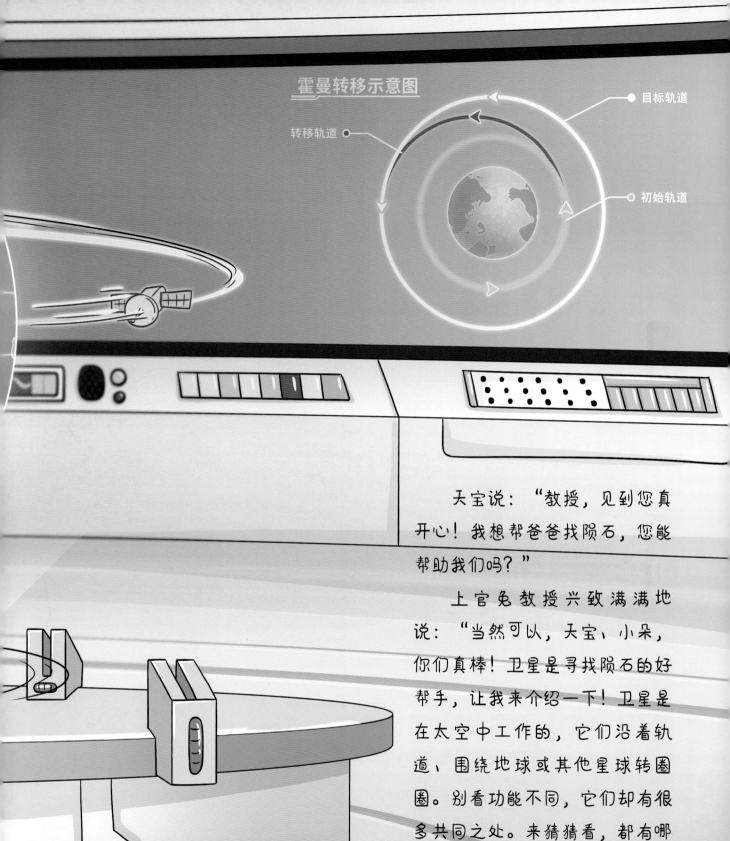

霍曼转移示意图

目标轨道

转移轨道

初始轨道

天宝说："教授，见到您真开心！我想帮爸爸找陨石，您能帮助我们吗？"

上官兔教授兴致满满地说："当然可以，天宝、小朵，你们真棒！卫星是寻找陨石的好帮手，让我来介绍一下！卫星是在太空中工作的，它们沿着轨道、围绕地球或其他星球转圈圈。别看功能不同，它们却有很多共同之处。来猜猜看，都有哪里相同呢？"

天宝说："原来卫星这么复杂啊！"

瞧，这金灿灿的"外衣"，多么美丽！它是热控分系统的一部分，又称为卫星的"防晒衣"，为卫星上的仪器设备提供了适宜的温度环境。

卫星还有一个硬朗的"身体"，那就是用金属或合成材料制成的框架和外壳，被称为结构分系统。

定向天线

看！这是卫星的"大脑"，也叫星载计算机，在它的带领下，卫星的各部分井然有序地工作着。

参考"嫦娥一号"卫星绘制

测控与数据传输分系统就像卫星的"耳朵"和"嘴巴"，包括定向天线、全向天线等，有了它们，卫星就可以随时跟地球保持联系啦。

小朵好奇地问："教授，为什么卫星们长得不一样呢？"

上官兔教授笑道："因为卫星们干
的活不一样啊！它们要各自携带不同的设备，也称为有效载荷，比如通信
卫星会携带天线和转发器，气象卫星会携带成像仪和垂直探测器，天文卫
星会携带空间望远镜等，这些有效载荷使卫星实现了不同的功能。"

天宝点点头，说："教授，我懂了，可哪个卫星才能找到陨石呢？"

上官兔教授说道："那就要靠地球资源卫星——'寻迹'了，它可以找到陨石，但是还需要搜寻信息。"

天宝和小朵眼前一亮，赶忙把石铁爷爷给的藏宝图交给了上官兔教授。

朱雀峡谷

白虎冰山

青龙雨林

玄武沙漠

原来这个图纸是四颗陨石的光谱图。

上官兔教授把图纸放在扫描仪上，蝙蝠机器人"雷小蝠"瞬间进入工作状态，开始连接寻迹。

同时，数字地球飞速旋转，上面有四个位置亮了起来，分别显示为朱雀峡谷、白虎冰山、玄武沙漠和青龙雨林。

四颗陨石的位置找到了！

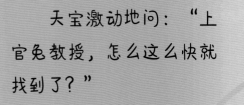

天宝激动地问："上官兔教授，怎么这么快就找到了？"

上官兔教授答道："多亏了寻迹，它已经在太空中了，正站在离地球几百千米的高空，向地球望去。俗话说'站得高，看得远'嘛！"

小朵问道："我站在这么高的地方，是不是也可以找到陨石？"

上官兔教授哈哈一笑，说道："没有那么简单。寻迹携带了高光谱成像仪，这个仪器很厉害，它能获得地球上广泛物质的光谱信息。"

上官兔教授继续说道："要知道，不同物质的光谱信息是不同的，高光谱成像仪对地球物质进行光谱识别，再对比图纸上四颗陨石的特殊的光谱信息，一下就找到它们的位置了。"

天宝激动地说："太神奇了！"

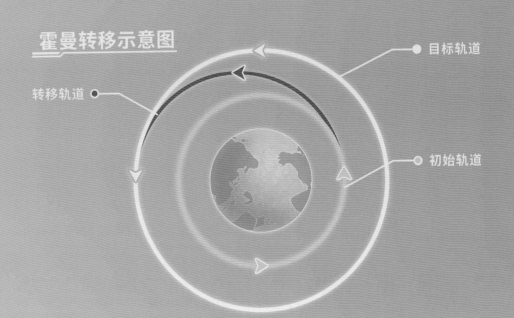

霍曼转移示意图

目标轨道

转移轨道

初始轨道

可是，天宝仔细一想，皱了皱眉头，说："这些陨石的位置都好远，应该怎么去呢？"

上官兔教授摸了摸他的
头，说："不用担心，我们还
有导航卫星呢。"

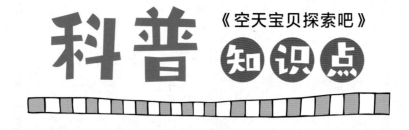

卫星

卫星，通常指的是在行星引力作用下，围绕行星轨道稳定运行的自然天体。环绕哪一颗行星运转，就把它叫作哪一颗行星的卫星。比如，月亮环绕着地球旋转，它就是地球的卫星。

"人造卫星"就是我们人类"人工制造"的卫星，一般亦可简称为卫星。科学家用火箭把它发射到预定的轨道，使它环绕着地球或其他星球运转，以便进行科学探测或应用，比如最常用于观测、通信等方面的人造地球卫星。人造卫星是发射数量最多、用途最广、发展最快的航天器。

绘本中的卫星都指的是"人造卫星"哦！

卫星分类

人造卫星可分为科学卫星、技术试验卫星及应用卫星。

科学卫星是用于科学探测和研究的人造卫星，主要包括空间物理探测卫星、天文卫星、微重力科学实验卫星等。

技术试验卫星是用于空间技术和空间应用技术的原理性或工程性试验的人造卫星。

应用卫星是直接为国民经济、军事活动和文化教育服务的人造卫星，按用途可分为通信卫星、导航卫星、遥感卫星等。其中，遥感卫星是指利用星载遥感器或探测仪，对地表目标进行探测，获取目标信息的一类卫星。民用遥感卫星主要包括气象卫星、地球资源卫星、海洋卫星三类。

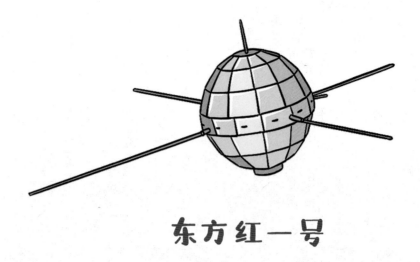

东方红一号

1970 年 4 月 24 日 21 时 35 分，在酒泉卫星发射中心，搭载"东方红一号"卫星的长征一号运载火箭点火起飞，约 10 分钟后，卫星进入预定轨道。不久，地面台站就收到清晰嘹亮的《东方红》乐曲。新中国的科研工作者们白手起家，克服重重困难，成功将"东方红一号"卫星送入太空，实现了中国航天零的突破，使中国成功晋身为"太空俱乐部"的一员。

通信卫星

在人造卫星的大家族里，通信卫星是成熟较早和应用较广的。通信卫星是用作无线电通信中继站的人造地球卫星，是卫星通信系统的空间部分。它转发或发射无线电信号，以实现地面站之间或地面站与航天器这间的通信。人们借助于高"挂"太空的通信卫星，就能和远隔重洋的亲人通电话、通电报；从电视观看世界新闻、体育比赛实况；老师可以给成千上万的人们进行科学技术的讲授；部队首脑可以指挥千里之外的战争……总之，通信卫星给人类的社会活动和日常生活带来了非常大的变化。

气象卫星

气象卫星是从太空对地球及大气层进行定量探测的人造卫星，相当于一个在太空运行的自动化高级气象站。气象卫星装载多种遥感仪器，拍摄云图和地表，接收和测量地球及大气层反射的辐射或自身发出的辐射信息，通过无线电将这些信息传送给地面站；地面站将卫星传来的信息处理成各种云层、地表和海面图像，用于日常天气预报，暴雨、台风等灾害天气监测预报，以及大气科学、海洋学的研究。1988年，我国成功发射了"风云一号"A星，从此我国气象卫星事业走上了自主发展的道路。

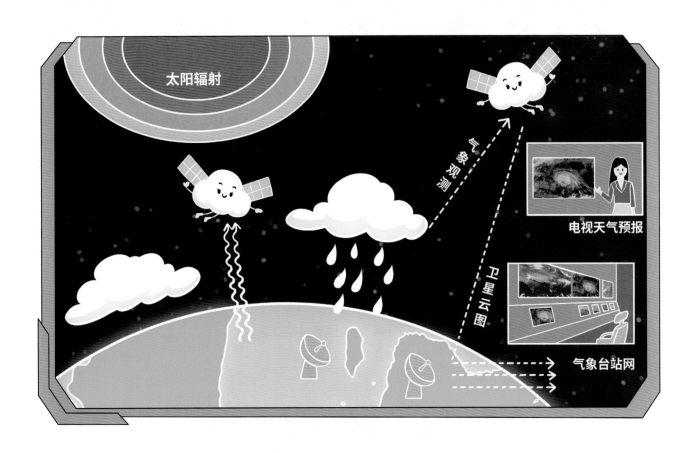

伽马暴

1967 年 7 月，卫星首次发现：伽马射线波段的信号突然增强又快速减弱，时间并无规律，但强度竟然超过全天伽马射线的总和。更重要的是，这个现象并非来自地球表面，而是来自宇宙，此现象被称为伽马射线暴（又称伽马暴）。伽马射线暴分为长暴和短暴，长暴占总发现数量的70%，往往伴随明亮的余晖。天文学家认为，长暴经常与大质量恒星的"死亡"联系在一起，起源于大质量恒星塌缩成黑洞的过程中。而短暴相对较少，近 20 年来，天文学家仅定位了数十个短暴对应体，认为其起源于两个致密天体（如中子星或黑洞）的合并过程。

恒星灭亡时的"烟火"就是伽马暴，这可是宇宙级别的烟花。"伽马探针"一直有一个探索太空奥秘的梦想！猜猜它在太空中看到伽马暴了吗？

天文卫星

天文卫星是对宇宙天体和其他空间物质进行观测研究的人造卫星。天文卫星在距离地面数千米或更高的轨道上观测宇宙天体，可以接收到宇宙天体辐射出来的各种波段的电磁波，天文卫星的出现极大地推动了天文学的发展。"哈勃"空间望远镜是以美国天文学家爱德温·哈

勃为名，于 1990 年成功发射。该卫星运行于地球稠密大气层之上的近地轨道，在轨运行的 30 多年时间里完成了近万次观测，拍摄了三万多个宇宙天体的照片。中国"巡天"空间望远镜，被称为"中国哈勃"，将与空间站共轨飞行，它的分辨率与"哈勃"望远镜相当，但视场可达到"哈勃"望远镜的 300 多倍。

卫星系统组成

　　人造地球卫星无论是外形还是内部结构，都千差万别，但是它们在系统组成上都包括两大部分：公用系统和专用系统。卫星的公用系统是指任何类型和用途的卫星都必须配备的系统，公用系统的集成现统称为"卫星平台"，一般包括结构与机构系统、热控制系统、电源系统、姿态和轨道控制系统、测控系统和数据管理系统等。专用系统则是指不同用途的卫星为了完成技术任务而配备的特有系统，现统称为"有效载荷"。不同用途的卫星有不同的有效载荷，例如，遥感卫星的有效载荷就是各种遥感器；通信卫星的有效载荷主要是通信转发器及通信天线；天文卫星的有效载荷是各种类型的天文望远镜等。

地球资源卫星

地球资源卫星可以飞越深山老林，俯视荒漠旷野，到达冰川极地之上空，居高临下，赏尽世间美景，并送回一套全球的图像和数据。它还配备了"光谱成像仪"，从而对地表和地表以下一定深度内的物质状况具有独特的"洞察"能力。

说到地球资源卫星，地质勘探队员应该最为佩服，因为它可以到达勘探队员所不能到达的任何深山沟壑中进行勘探，判断出地质结构，指出各种矿物石油的矿迹。有了它，探勘队员就不必跋山涉水，用锤子反复敲打岩石来探测资源啦。

在地球资源卫星"寻迹"的帮助下，天宝他们成功地找到了四颗陨石的位置！

光谱

我们看到的阳光是白色的，但实际上，阳光包含了不同波长的光，把这些光分出来，按照波长大小顺序排列，就得到了光谱。光谱是物质的特性之一，每一物质都有其独特的光谱，就如同人的"指纹"，具有唯一性。

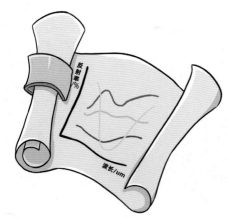

石铁爷爷给的这份光谱图简直是宝藏！光谱图上的四条曲线分别代表了四颗陨石的光谱特性，是找到陨石的依据。

高光谱遥感技术

　　高光谱遥感就像一只"眼睛"，只是它探测的光谱范围比人眼宽得多，也精细得多。如果把高光谱设备比作一台相机，它的功能就是可以在每个光谱波段拍一张照片，将获得所有图像综合在一起，以波长为横坐标、目标反/辐射的能量为纵坐标进行绘制，从而获取目标的特征光谱。矿物识别是高光谱遥感技术最能发挥优势的领域之一，专家通过高光谱遥感卫星获得的光谱信息与光谱库的参考光谱相匹配，分析它们之间的相似或差异性，从而直接识别矿物。

　　因此，上官兔教授是将寻迹卫星"拍摄"的地面物质的光谱信息，与光谱图中四颗陨石的光谱信息进行了对比，最后匹配成功，找到了陨石的位置。

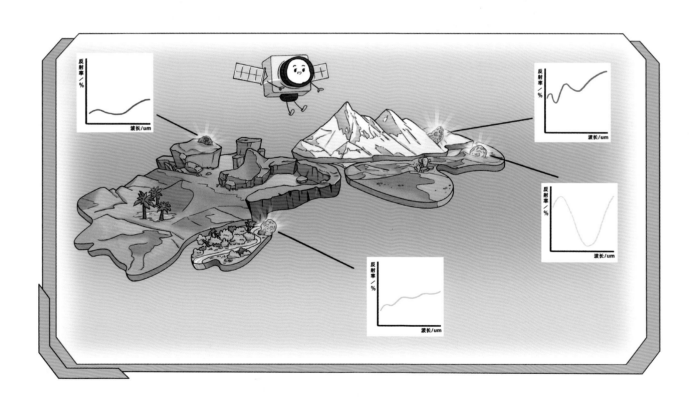

图书在版编目（CIP）数据

空天宝贝探索吧.2,各显神通的"精灵" / 马倩主
编；郑焱,唐纹,谢露茜著；王柯爽,郭真如绘.
北京：电子工业出版社,2025. 1. -- ISBN 978-7-121
-49008-8

Ⅰ. V4-49

中国国家版本馆CIP数据核字第20244V50Q1号

责任编辑：赵　妍
印　　刷：河北迅捷佳彩印刷有限公司
装　　订：河北迅捷佳彩印刷有限公司
出版发行：电子工业出版社
　　　　　北京市海淀区万寿路173信箱 邮编：100036
开　　本：889×1194 1/16　印张：14.25　字数：84.175千字
版　　次：2025年1月第1版
印　　次：2025年1月第1次印刷
定　　价：148.00元（全5册）

凡所购买电子工业出版社图书有缺损问题，请向购买书店调换。若书店售缺，请与本社
发行部联系，联系及邮购电话：（010）88254888，88258888。
质量投诉请发邮件至zlts@phei.com.cn，盗版侵权举报请发邮件至dbqq@phei.com.cn。
本书咨询联系方式：（010）88254161转1852，zhaoy@phei.com.cn。